AF469652

BIBLIOTHÈQUE RURALE

INSTITUÉE

PAR LE GOUVERNEMENT

EMPLOI DU NOIR ANIMAL EN AGRICULTURE.

EMPLOI

DU

NOIR ANIMAL

POUR

LE DÉFRICHEMENT

DES LANDES ET DES BRUYÈRES.

RAPPORT ADRESSÉ AU MINISTRE DE L'INTÉRIEUR,

PAR

M. P. Lejeune,

PROFESSEUR D'AGRICULTURE ET D'ÉCONOMIE RURALE
A L'ÉCOLE DE VERVIERS.

BRUXELLES.

G. STAPLEAUX, IMPRIMEUR-ÉDITEUR,
RUE DE LA MONTAGNE, N° 51.

1851

RAPPORT

A

M. LE MINISTRE DE L'INTÉRIEUR.

Monsieur le Ministre,

Les beaux résultats obtenus à Marolles (commune de Génillé, arrondissement de Loches, département d'Indre-et-Loire, France), de défrichements faits au moyen du noir animal à petite dose et mêlé à la semence, vous ont engagé à m'envoyer dans ce département, pour y étudier cette nouvelle méthode de culture, et surtout pour reconnaître jusqu'à quel point elle peut s'appliquer, en Belgique, dans nos landes et bruyères.

Mes fonctions de professeur à l'école d'agriculture de Verviers m'ont malheureusement empêché d'accomplir cette mission à l'époque convenable, c'est-à-dire alors que les défrichements étaient couverts de leurs riches produits. Pour cette partie de la question, je dois m'en rapporter aux indications de plusieurs savants agriculteurs, qui ont décrit les procédés de défrichement par l'emploi du noir animal, et qui ont pu constater sur pied l'abondance des récoltes. Je citerai surtout M. le comte Conrad de Gourcy, membre titulaire de la Société nationale et centrale d'agriculture de Paris, et M. Millet, membre correspondant de la même société. Les résultats obtenus par M. Chambardel, l'inventeur du procédé, et par plusieurs autres cultivateurs, notamment MM. Gaulier de Lasselle et de Gaudru, sont de notoriété publique et ne peuvent être infirmés.

La mission que vous avez bien voulu me confier, s'est bornée à étudier le sol de cette contrée de la France, à constater l'état de son agriculture, afin de reconnaître, au moyen des renseignements qui m'ont été fournis par les cultivateurs et les défricheurs de ce pays, s'il y a des chances de succès en Belgique, pour l'emploi du noir animal.

J'ai l'honneur, M. le Ministre, de vous soumettre, dans le rapport ci-joint, que j'ai cru devoir diviser en trois parties, le résultat de mes observations, ainsi que tous les renseignements puisés à bonne source que j'ai pu me procurer.

Dans la première, j'étudie le sol, le climat et les cultures de cette région agricole de la France.

Dans la seconde, je traite des défrichements, et surtout de la méthode de défrichement avec emploi du noir animal.

Dans la troisième, j'envisage la question du défrichement par l'emploi du noir animal, dans ses applications à la Belgique.

PREMIÈRE PARTIE.

SOL, CLIMAT ET CULTURES DE LA RÉGION AGRICOLE DES LANDES DU CENTRE DE LA FRANCE.

Afin de saisir dans leur ensemble les travaux de défrichement dans cette région agricole de la France, et surtout pour apprécier avec justesse les magnifiques résultats que l'on y obtient, il est indispensable de connaître avant tout, et d'une manière aussi complète que possible, la terre qui forme la base de ces landes, et qui est la *machine* avec laquelle on opère pour obtenir des produits. Une fois cette connaissance acquise, ainsi que celle du climat, il nous sera plus facile de juger par analogie, et en nous plaçant dans les conditions du producteur belge, si nos landes sont susceptibles de donner les mêmes récoltes avec les mêmes moyens.

Nous étudierons sa formation géologique, ses caractères physiques et chimiques et sa végétation naturelle.

Du sol.

Le sol qui nous occupe appartient à la région décrite par M. Lullin de Châteauvieux sous le nom de *région du nord-ouest ou des landes et des ajoncs.* Cet agronome lui donne pour limite, au nord, la Manche et une ligne qui part au sud-ouest de Granville pour se terminer à Blois, où elle suit le cours de la Loire jusque entre Châteauneuf et Sully, pour se diriger à l'est vers Auxerre; de là elle va au sud-est à Nevers, suit le cours de la Loire jusqu'à Roanne, puis se dirige à l'ouest jusqu'à Montmorillon, et remonte à Saumur, où elle suit de nouveau le cours de la Loire jusqu'à Nantes; au sud-ouest et à l'ouest, elle est bornée par l'océan.

D'après le même agronome, cette région renferme trois sols différents; nous ne nous occuperons que d'un seul, qui forme le centre, et qui est de nature argilo-siliceuse. C'est celui sur lequel s'opèrent les défrichements au moyen du noir animal.

Formation géologique.

Le sol argilo-siliceux, que nous avons particulièrement étudié dans le département d'Indre-et-Loire, appartient aux *terrains tériaires*, *groupe diluvien* de M. d'Omalius-d'Halloy.

Ce sol est formé par des alluvions anciennes, ce qui lui a fait donner le nom de *terrain de transport ancien;* il est aussi connu sous le nom de *groupe des blocs erratiques.*

Le limon des terrains diluviens est très-répandu sur la surface du globe; il donne naissance tantôt à des plaines très-fertiles, tantôt à de détestables terrains, et ce dernier cas a lieu surtout lorsqu'il se trouve en couches très-épaisses. Dans la partie de la Touraine que nous avons visitée cette circonstance existe.

Une partie de la Touraine pourtant, celle qui avoisine la Loire, est surnommée avec raison le jardin de la France; mais là, le dépôt diluvien a été enlevé par les eaux, et la formation qui lui est immédiatement inférieure est à jour et a donné naissance à une excellente terre.

La couche diluvienne repose directement sur le terrain crétacé, sur de puissantes assises de *tuffeau*, encore appelé *craie-tuffeau*, roche très-peu calcaire et formée en majeure partie par de la silice.

Cette terre argilo-siliceuse est donc due à un dépôt qui s'est étendu sur une grande surface, dans plusieurs contrées, pendant la dernière révolution qui a bouleversé le globe; partout où elle est observée, elle recouvre les autres systèmes, et nulle part elle n'est recouverte par eux.

On rencontre dans son sein des débris de roches, qui présentent des angles arrondis, résultat du mouvement des eaux. Ces débris sont des silex blonds de différentes grosseurs.

Ce grand dépôt diluvien est formé de plusieurs couches horizontales, qui se distinguent par la grosseur des débris de silex que l'on y rencontre; partout nous avons reconnu trois couches ou strates superposées. A la partie supérieure est un sol argilo-siliceux, sans cailloux roulés, la silice s'y trouve dans un grand état de division; immédiatement au-dessous est un sol de même nature, mais présentant déjà des silex à angles arrondis de petites dimensions; plus profondément encore, une terre analogue avec abondance de cailloux roulés d'un volume plus considérable. Généralement ces trois couches reposent sur le tuffeau, qui dans le pays sert comme pierre à bâtir.

La formation de ces différentes couches s'explique facilement : les eaux ont dû déposer d'abord les parties les plus grossières, les gros cailloux roulés, et successivement les parties de plus en plus ténues se sont déposées pour arriver à la surface à une couche argilo-siliceuse, sans débris d'autres roches, et formée par de l'argile et de la silice dans un grand état de ténuité et de division.

Caractères minéralogiques, physiques et chimiques du sol argilo-siliceux.

Il est formé par de l'argile et de la silice en proportions variables, tantôt c'est le sable qui domine, tantôt c'est l'argile. Les seuls débris que l'on y rencontre sont des cailloux roulés de silex blonds, dont la grosseur varie, ainsi que nous l'avons vu. Ainsi cette terre, quoique présentant une analogie de composition avec celle de l'Ardenne, par exemple, puisque, comme elle, elle est formée de silice et d'alumine, en diffère cependant beaucoup par l'absence de débris de schistes et par l'état de division dans lequel se trouvent les parties argileuses et siliceuses.

Le sol schisteux de l'Ardenne a été formé par la

désagrégation du schiste sur place, tandis que le sol argilo-siliceux a été déposé par les eaux, lesquelles tenaient ce limon des roches argileuses qu'elles avaient délavées.

De ces deux formations si différentes il doit résulter des caractères physiques tout autres.

Ainsi, tandis que le sol silico-argileux de l'Ardenne présente une désagrégation du schiste assez imparfaite, où l'on rencontre assez abondamment des débris de différents volumes qui l'allégent, qui le rendent plus meuble, moins tenace, plus chaud, plus perméable; le sol d'Indre-et-Loire, formé par des débris très-ténus, se tasse beaucoup plus, et les cailloux roulés qu'on y rencontre ne modifient que fort peu les mauvaises qualités qui doivent résulter de cette grande division des particules terreuses. Les expériences des chimistes et des agriculteurs (1) nous apprennent que la silice, dans un grand état de ténuité, peut retenir 280 pour cent d'eau, tandis que du sable grossier en retient à peine 25 pour cent. De plus, nous avons dit que sa composition n'était pas la même partout, qu'elle était quelquefois plus argileuse; dans ce cas, il est évident que le sol est plus froid, que sa consistance est aug-

(1) Thaër, Schubler, Cadet de Gassicourt.

mentée, qu'il absorbe et retient mieux l'humidité que s'il était plus sablonneux.

La couleur de la surface du sol est grise; parfois l'on aperçoit des parties où la couleur est plus foncée ou plus pâle, et l'on croit que ces nuances appartiennent à des natures de sol différentes. Il n'en est rien : la lande nouvellement défrichée par l'écobuage donne une teinte plus foncée, et celle où le sous-sol a été ramené à la surface, une teinte plus pâle. Bientôt, par la culture, ces différentes nuances reprennent la couleur grise, qui est la teinte uniforme de ces terres.

Le sous-sol est de la même nature chimique que le sol, puisqu'il appartient à la même couche de formation géologique; sa couleur est généralement plus claire, parce qu'il ne contient pas d'humus, mais on y observe souvent des veines rougeâtres qui attestent la présence du fer oxydé; il est aussi imperméable que le sol, sinon davantage, parce qu'il est plus tassé et qu'il a été moins remué, moins ameubli par les cultures; il entretient l'humidité à la surface et empêche l'eau de pénétrer dans les couches inférieures.

Lorsque, par l'effet d'une atmosphère généralement sèche au printemps, ce sol s'est complétement desséché, il absorbe et retient l'eau des pluies avec avidité; mais une fois saturé d'humidité, l'eau n'a plus aucune action sur lui, il se refuse à la recevoir et elle est obligée de s'écouler à la surface; il peut donc être appelé avec raison sol imperméable.

Par suite de l'imperméabilité du sol, les parties organiques qui y sont contenues ne subissent qu'une décomposition incomplète; il ne se forme qu'un humus insoluble, et les gelées produisent un effet désastreux sur les récoltes. L'humidité trop abondante de la surface fait que la terre se soulève fortement par la gelée; ce qui est le résultat du plus grand volume occupé par la glace que par l'eau. Avec elle les végétaux cultivés se soulèvent aussi. Au dégel, la glace se liquéfie, la terre retombe par portions, et la plante se trouve déracinée ou peu s'en faut.

Quoique ces terres soient fortement imperméables, on ne voit pas de marais, ni de parties où l'eau reste stagnante à la surface, parce que, généralement, elles ont beaucoup de pente; il faut se garder de creuser des fosses longtemps à l'avance pour la plantation des arbres dans ces localités, car elles se rempliraient bientôt d'eau, ce qui empêcherait la plantation.

Les chemins d'exploitation et les chemins vicinaux sont très-mauvais dans ce pays, lorsqu'ils n'ont pas été empierrés.

Mais ce qui caractérise essentiellement ce sol, c'est que, sans fumier, ou sans stimulant, on ne peut absolument rien en retirer. Sur tous les autres sols, lorsqu'on laboure et surtout lorsqu'on retourne un gazon bien fourni dans le sol, auquel on donne quelques mois pour se décomposer en partie; lorsqu'ensuite on sème soit des céréales, soit des fourrages, on obtient, sinon une bonne récolte, au moins une récolte passable ou un produit quelconque. Dans ce sol argilo-siliceux imperméable, la récolte est zéro, la semence est perdue, elle ne peut même se reproduire. C'est un sol mort, sans force végétative, auquel il faut pour sortir de sa torpeur, pour donner signe de vie, des engrais immédiatement assimilables.

Si l'on n'emploie pas ce moyen, si on ne lui applique pas des engrais facilement solubles, ou bien, si par un agent quelconque on ne hâte pas la décomposition des matières organiques qui y sont contenues, tels que la chaux, la marne ou l'écobuage, on est forcé de lui donner des labours multipliés pendant plusieurs années, qui ont pour effet l'exposition à l'air de toutes les parties terreuses, laquelle favorise la décomposition des matières organiques, la réaction des éléments les uns sur les autres et la transformation de l'humus insoluble en humus soluble.

Il semble résulter de l'étude de ce sol, que ce qui lui manque ce ne sont pas les parties nutritives pour les plantes, mais plutôt la faculté de rendre assimilables pour elles les éléments divers qui entrent dans sa composition.

En parlant du chaulage, dans son *Essai sur la chaux*, M. Puvis dit : « Le champ chaulé, comme le « champ marné, change d'aspect d'une manière très- « remarquable. Dans le terrain argilo-siliceux, la « surface non chaulée est blanchâtre, unie et comme « serrée; elle semble être toute d'une pièce et ne « former qu'un seul gazon ; elle conserve la même « apparence dans les divers changements atmosphé- « riques, tandis que la portion chaulée contiguë « prend une couleur jaunâtre; sa surface est grume- « lée, comme cariée; elle change de couleur et de « forme à tous les mouvements atmosphériques, qui « l'ameublissent d'une manière remarquable; la terre « *blanche* contiguë semble dans un repos absolu, « paraît inerte et sans mouvement; au contraire, la « terre amendée par les diverses modificatioms qu'elle « présente et qui se succèdent, semble sans cesse en « action et en travail avec l'atmosphère ou avec ses

« propres éléments. » Ces observations s'appliquent exactement au sol que nous étudions.

Caractères botaniques du sol argilo-siliceux, ou végétation naturelle qu'il présente.

L'on est frappé, lorsque l'on arrive sur ce sol de landes, par la vue d'une végétation magnifique et très-vigoureuse de bruyères et d'ajoncs; parfois le genêt à balais et la fougère sont aussi très-abondants sur ce sol.

Les espèces de bruyères qui se rencontrent dans cette région n'ont pas leurs analogues en Belgique; telles sont la grande bruyère à balais (*erica scoparia*, L.), la bruyère cilée (*erica ciliaris*, L.), et l'*erica vagans* de Smith. Ces différentes espèces atteignent une hauteur de deux à quatre pieds, mais il est à remarquer qu'elles ne se trouvent pas partout; pour que e sol puisse les nourrir, il faut qu'il ait assez de pente pour s'assainir naturellement. On conçoit facilement quelle végétation vigoureuse doivent présenter ces landes, recouvertes par les sous-arbrisseaux que nous venons de citer, et auxquels s'associent généralement le genêt à balais (*genista scoparia*, L.), et l'ajonc marin (*ulex Europeus*, L.), lesquels forment un taillis dense et serré. Aussi les landes ainsi garnies sont-elles après défrichement très-riches en principes organiques, sels terreux et carbone, lesquels peuvent jouer un grand rôle dans la culture, lorsqu'on sait les ménager.

Là où le sol est moins bon, la végétation est moins riche ; on y trouve la bruyère vulgaire (*erica vulgaris*, L.), la bruyère cendrée (*erica cinerea*, L.), quelques pieds d'ajonc marin, quelques fougères et d'autres plantes adventices communes à ces sortes de landes.

Lorsque la terre a été cultivée pendant un certain nombre d'années, et qu'elle est ensuite abandonnée à elle-même, elle se gazonne avec peine, l'herbe y vient rare et chétive, les graminées ne semblent pas prospérer sur ce sol imperméable : elles y sont clairsemées et faibles ; lorsqu'il est très-humide, les carex les remplacent, et encore ne sont-ils ni très-nombreux ni très-vigoureux.

Parmi les plantes adventices que l'on rencontre dans les récoltes, on peut citer le chiendent (*triticum repens*, L.), la traînasse (*agrostis stolonifera*, L.) et la maroute (*anthemis cotula*, L.), qui infestent parfois les moissons. On y trouve encore d'autres plantes moins nuisibles parce qu'elles sont moins abondantes, telles que la petite oseille (*rumex acetosella*, L.), la spergule (*spergula arvensis*, L.), le *chlora perfoliata*, L., l'*euphorbia peplu*, le *gnaphalium montanum*, l'*erigeron serotinus*, le *mentha rotundifolia*, le *thrincia hirta*, le *campanula glomerata*, etc., etc.

On peut dire que, comme partout ailleurs, la végétation change avec les caractères physiques et chimiques du sol : dans les sols plus ou moins assainis naturellement, on trouve les grands végétaux, les bruyères, les genêts, les ajoncs et d'autres bonnes plantes; dans les sols plus humides, les carex, les joncs, et des espèces dures, ligneuses, peu sapides.

De même les plantes cultivées ne peuvent réussir et donner des produits que là où le terrain perd son humidité surabondante, soit par des causes naturelles, soit par le travail de l'homme, tels que les labours ou les fossés d'égouttement.

La végétation naturelle du sol d'Indre et Loire est bien différente de celle des landes belges; là, elle est vigoureuse, brillante; ici, elle est plus faible, surmonte le sol d'un pied ou deux pieds au plus ; là, elle accumule sur le sol des débris organiques, elle extrait de la roche des matériaux abondants qui aideront l'agriculture à une époque peu éloignée; ici, les débris organiques sont moins abondants, et, par suite, les éléments assimilables pour les végétaux cultivés seront moins nombreux, lorsque l'homme défrichera le sol.

Récapitulation des caractères que présente le sol argilo-siliceux, et moyens pratiques de l'améliorer.

Il est de formation diluvienne; sa masse, produit du lavage de différentes roches appartenant au terrain crétacé,—probablement aux couches de l'étage moyen, — est formée de particules terreuses infiniment petites et menues, qui se tassent fortement, et empêchent que l'air et les agents extérieurs exercent leur action en le pénétrant; ces particules sont de l'argile et du sable très-fin, très-délié, qui absorbent et retiennent l'eau avec une grande avidité. Le sous-sol est de même nature que le sol et augmente ses défauts au lieu de les corriger. Sa couleur blanche ou grise est peu propre à absorber les rayons calorifiques; il s'échauffe lentement et perd vite sa chaleur; il est encore refroidi par la grande évaporation qui s'exerce à la surface. L'air, la chaleur manquant à ce sol, les parties organiques, produit de la végétation naturelle ou les différents engrais que l'on y enfouit, ne se décomposent que très-difficilement et par l'action de nombreux labours; aussi contient-il une notable proportion d'humus insoluble, impropre à la végétation, ce qui lui a valu les noms de sol imperméable, sol froid, sol mort. Cette humidité de la surface est désastreuse en hiver, pour les récoltes, qui se déchaussent, qui s'arrachent. Enfin, comme fait caractéristique de ce sol, il est impropre à donner la moindre récolte même avec plusieurs façons de labourage, si les causes que nous venons de citer ne disparaissent en tout ou en partie, c'est-à-dire si sa surface n'est exposée à l'air au moins pendant un an et labourée plusieurs fois, et si avec cela on n'y ajoute un amendement capable de faire passer l'humus insoluble ou acide, à l'état d'humus soluble ou neutre, tels que l'écobuage, les engrais divers, la chaux, la marne, le noir animal, etc.

Après cette étude du sol argilo-siliceux, si l'on demande quel est son vice capital, tout le monde répondra, c'est l'humidité. En effet, c'est l'humidité qui l'empêche de s'aérer, c'est encore l'humidité qui le rend froid, et, par suite de ce défaut d'air, d'agents atmosphériques et de chaleur, les matériaux organiques, si nombreux dans ce sol, ne peuvent se décomposer de manière à être rendus assimilables, de manière à pouvoir être absorbés par les végétaux, qui, faute de nourriture, languissent sans pouvoir arriver à donner des produits.

Tous les moyens propres à extraire l'humidité de ce sol devront donc être regardés comme un acheminement à son amélioration. Les cultivateurs de cette contrée le savent bien, les labours sont exécutés de manière à permettre l'écoulement d'une grande quantité; d'eau les terres sont labourées par planches étroites et bombées, ce qui est certainement une pratique fort utile; mais cela seul ne suffit pas, il lui faut un égouttement plus complet, plus profond surtout.

Malheureusement là, comme dans toutes les landes, l'homme a peu de besoins, il a beaucoup de terres à sa disposition et il se fait le moins de mal possible. Il est vrai de dire aussi que l'argent, que les capitaux n'abondent pas dans ces pays, et que les améliorations fondées sur une grande dépense de main-d'œuvre sont regardées comme non avenues. Nous sommes persuadé pourtant que les sommes dépensées à cet usage seraient largement remboursées par les produits, et procureraient une amélioration durable.

Après avoir assaini ce sol par de nombreuses saignées profondes d'un à deux mètres, il est évident que les engrais reprendraient tout leur empire; que la marne et la chaux auraient une action plus puissante sur l'humus insoluble et les débris organiques si abondants.

Climat.

Le pays qui nous occupe a été classé par M. de Gasparin, dans la région des vignes, c'est assez dire que sa température est plus favorable à la culture que la nôtre; que l'on peut y obtenir des produits de certaines plantes en grande culture, qui chez nous prospèrent à peine en petite culture et abritées. Nous n'entreprendrons pas de décrire le climat de cette région agricole, il nous suffira de dire que les céréales font le principal sujet de l'agriculture; que les fourrages de la famille des légumineuses et particulièrement la luzerne et le sainfoin y donnent de grands produits lorsque le sol leur convient. — On sait que ces plantes conviennent mieux aux climats méridionaux qu'aux climats septentrionaux, où elles sont généralement remplacées par le trèfle, comme cela a lieu en Belgique; — que les vignobles y sont nombreux et fournissent un vin potable, déjà propre à l'exportation.

Quelques citations de M. Lullin de Châteauvieux donneront une idée de ce climat déjà si différent du nôtre.

En parlant de la région des landes et des ajoncs, il dit :

« . . . . . . Aucune montagne ne s'élève sur cette « superficie où le climat n'est sujet à aucune intem- « périe.

« . . . . . . Là comme partout, la fertilité d'un sol « d'alluvions a produit ses miracles agricoles, et ils « frappent d'autant plus qu'on n'arrive sur leurs « bords (bords de la Loire), qu'après avoir traversé « de plus tristes contrées. C'est l'un de ces bassins « qu'on a nommé à juste titre le jardin de la « France, dénomination donnée au théâtre cham- « pêtre que la Loire parcourt en traversant la Tou- « raine.

« Il faut avoir visité ce bassin à l'époque où l'on « s'apprête à couper les foins, où les moissons éta- « lent des épis que le soleil n'a pas encore dorés et « que le moindre vent fait balancer sur leurs tiges. « Il faut avoir parcouru ce bassin, ainsi que nous « l'avons fait nous-mêmes, à l'époque où le feuillage « est dans toute sa pompe, pour en admirer à l'aise « la riante beauté. Saison qui ne dure que peu de « jours et qu'il faut passer dans ce jardin de la « France, si l'on veut jouir de toute la douceur d'une « atmosphère à la fois brillante et suave, qu'aucun « souffle ne trouble, qu'aucun nuage n'altère; si l'on

« veut parcourir cette levée de la Loire, digue et « chaussée à la fois, et d'où l'œil plonge sur ce bas- « sin formé de mille îlots dont chacun recèle un « verger assez touffu pour le rendre imperméable « aux regards, qui n'y découvrent que la primeur « des fruits destinés à mûrir sur ses arbres. Des « cultures potagères s'entremêlent parmi ces vergers, « tandis qu'on voit au loin des coteaux couverts de « pampres borner un horizon où l'on ne remarque « d'autres accidents que ceux qui proviennent des « éboulements de quelques rochers crayeux, dont « l'aspect abrupte s'offre comme un contraste au sein « de cette richesse végétale. »

Que cette brillante description est loin de s'appliquer à la partie couverte de landes, où le plus triste aspect s'offre aux yeux du voyageur! Mais le climat reste le même, les soins et le travail de l'homme peuvent faire le reste.

Cultures.

Pour terminer ce qui est relatif à ce pays, disons un mot de l'assolement et des cultures qui y sont en usage.

Les céréales qui font le principal objet de la culture sont le froment, le méteil, le seigle, l'avoine, le sarrasin. L'orge y vient mal.

Le froment, le seigle, le sarrasin et l'avoine se cultivent à peu près par portions égales, chacun pour un quart du sol emblavé.

L'assolement est triennal pur, avec très-peu ou point de prairies naturelles ou artificielles.

1re année, froment, méteil ou seigle;

2e année, avoine;

3e année, jachère.

Le froment donne en moyenne dix hectolitres à l'hectare, la fumure est de huit à dix mille kilogrammes de fumier aqueux par hectare, fumier mal préparé, conservé pendant un an dans des égoûts et mélangé avec du tuffeau; il est transporté sur les terres en automne, où il reste longtemps en petits tas avant d'être épandu et enfoui, pratique vicieuse qui lui fait perdre de grandes quantités de principes fertilisants.

Les labours s'exécutent avec une charrue attelée de deux bœufs et quelquefois quatre. On laboure en planches bombées d'environ un mètre de largeur. On donne ordinairement trois façons pour exécuter ce travail, deux labours dans le même sens, avec une charrue sans versoir, à une profondeur de douze centimètres, puis un troisième labour en travers à la même profondeur, mais avec une charrue pourvue de versoir.

La herse est peu employée, le rouleau jamais.

L'éducation des animaux domestiques est importante dans cette région, non que l'agriculture fournisse une nourriture copieuse et succulente au bétail, mais parce que celui-ci trouve à se nourrir dans les vastes landes qui couvrent le pays.

Les fourrages de la famille des légumineuses ne réussissent pas très-bien dans les landes défrichées, sauf les vesces et le trèfle qui commencent à s'y introduire. Plus tard, après l'assainissement du sol, la luzerne et le sainfoin pourront s'y cultiver; aujourd'hui ces terres froides et humides ne conviennent pas à ces plantes.

Le colza et les crucifères en général y donnent de bons produits. Le lin y viendra bien aussi. La pomme de terre n'y est cultivée que comme légume.

DEUXIÈME PARTIE.

DU DÉFRICHEMENT DES LANDES ARGILO-SILICEUSES.

Les cultivateurs de ce pays emploient deux modes de défrichement également connus et pratiqués en Belgique : l'*écobuage* et l'*essartage*.

Écobuage.

L'écobuage consiste à enlever le gazon par plaques ou tranches que l'on fait sécher, puis qu'on réunit en tas creux à l'intérieur, lesquels sont remplis de broutilles et de menus bois recueillis sur le sol. Lorsque la dessiccation est complète, on procède au brûlis. L'opération terminée, les cendres sont répandues sur le terrain à la manière ordinaire.

Après l'écobuage le terrain est labouré et ensemencé en froment ou en seigle, suivant sa richesse.

Cette opération coûte environ 160 francs l'hectare, et dans les bonnes bruyères on obtient jusqu'à vingt hectolitres de froment sur cette surface; la seconde récolte, qui est ordinairement de l'avoine, est encore bonne.

Essartage.

Il s'exécute à la charrue ou à la pioche, par tranches. A la pioche, le travail coûte 90 francs; à la charrue, il revient presque aussi cher, parce que les instruments s'usent beaucoup et que les animaux sont très-fatigués.

Après l'essartage, la terre demande plusieurs labours et beaucoup de hersages pour s'ameublir avant de pouvoir être ensemencée, ce qui n'a lieu toutefois qu'après un marnage, un chaulage ou une fumure. Par ce dernier procédé, il se passe souvent plusieurs années avant que le défricheur puisse rentrer dans ses avances, qui sont toujours considérables s'il agit sur une grande étendue de landes.

Ainsi, par les anciens procédés de défrichement

usités dans ce pays, on obtient, par l'écobuage, des rentrées presqu'immédiates, le sol est mis en culture en fort peu de temps, mais on détruit par le feu une grande quantité de matières organiques qui s'échappent sous forme de gaz et qui auraient pu servir à la nutrition des récoltes futures. Par l'essartage on conserve au sol toute sa richesse naturelle, mais les rentrées se font attendre et par suite le capital d'exploitation est augmenté.

Depuis longtemps le noir animal est employé dans ce pays comme engrais, pour donner la fertilité au sol et surtout aux défrichements; tous les défricheurs de l'ouest et du centre de la France en font grand usage, et partout il donne de beaux résultats. M. Gasparin nous dit dans son *Cours d'agriculture* que le seul département de la Loire-Inférieure reçoit cinq millions de kilogrammes de cet engrais, provenant principalement de Russie et de Marseille, et qu'on paye au prix de 10 à 12 francs l'hectolitre, pesant 95 kilogrammes. M. Rieffel, qui a expérimenté sur les terres de Grand-Jouan avec cette substance, a publié les résultats qu'il en a obtenus, ainsi que ceux d'autres engrais. Nous croyons utile de reproduire ici les résultats comparatifs de différents engrais sur des terres de même nature.

M. Rieffel appelle le sol des landes *la pierre de*

touche des engrais, parce que sans engrais les végétaux agricoles ne peuvent se développer assez pour donner des produits, et que l'on peut ainsi comparer la valeur des engrais aux produits que les plantes donnent lorsqu'ils coopèrent à la production. « En « vain, dit-il, vous répandrez de la semence en « grande quantité sur le sol non fécondé immédiate- « ment par l'engrais, ou à la longue par les influences « atmosphériques, la semence ne se reproduira point, « même avec un travail perfectionné. Voici ce qui « arrive sur la terre inféconde : la semence des vé- « gétaux agricoles sous l'influence de l'air, de la « chaleur et de l'humidité, germe; la radicule s'en- « fonce, la plumule sort de terre chétive, et peu de « temps après tout a disparu. Si l'on approche quel- « que engrais pulvérulent, promptement soluble, au- « près de quelques-uns de ces germes, ils verdissent, « ils végètent, ils prennent leur essor, ils partent « seuls, et tous les autres meurent. Comme une « bande d'enfants en nourrice, dont on ne sauverait « absolument que ceux auxquels on présenterait à « boire. »

M. Rieffel expérimentait pour connaître la puissance du guano; il mit en regard de cet engrais dix substances différentes, et avec des combinaisons variées. Ces substances sont : noir animal, très-pur résidu de raffinerie choisi à dessein chez un raffineur de Nantes, fumier de ferme, cendres lessivées, cendres non lessivées, noir factice, engrais composé, suie, sel marin, chaux éteinte, paille. Au milieu de ces matières fertilisantes se trouvait dans chaque série une planche sans engrais qui servait de point de comparaison. La planche sans engrais n'a rien produit du tout; l'on va voir les effets de ces substances fertilisantes.

Expérience sur le sol.

NOM DES ENGRAIS.	Quantité employée PAR HECTARE.		Produit.		Poids de la PAILLE avec tous les déchets.	Rapport de la PAILLE au grain.
			Poids de la totalité de la récolte.	Grain nettoyé.		
	hectol.	kilog.	kilog.	hect. litr.	kilog.	kilog. litr.
Guano	24	2160	8000	30,55	5800	100 : 52
Noir de raffinerie.	24	2160	7100	25,00	5300	100 : 47
Fumier de ferme.	»	40000	5300	19,44	3900	100 : 49
Cendres lessivées.	48	4800	4800	16,66	3600	100 : 46
— non lessivées.	48	4800	3400	13,88	2400	100 : 57
Noir factice. . . .	24	2400	4500	12,50	3600	100 : 34
Engrais composé.	48	960	2300	6,94	1800	100 : 38
Semence	»	»	»	»	»	»

On voit d'après ce tableau que le guano a donné le plus grand produit, et après lui le noir de raffinerie. Le guano est donc plus riche que le noir, il convient mieux à ces terres; malheureusement son prix est trop élevé. Lorsque M. Rieffel compare les produits obtenus en grains avec les sommes dépensées pour l'achat des engrais, le noir animal passe avant le guano. C'est ainsi que, dans les expériences que nous venons de citer, le noir animal a occasionné une dépense de 168 fr. pour donner un profit de 276 fr., tandis que le guano a exigé une dépense de 504 fr. et n'a produit que 86 fr. 60 cent. de profit. L'avantage reste tout entier au noir.

M. Chambardel étant instruit des effets du noir animal appliqué aux défrichements, résolut d'en faire usage. Il commença ses essais en 1845; les résultats heureux qu'il en obtint l'engagèrent à continuer et à élargir le cercle de ses opérations.

Défrichement des landes à bruyères et ajoncs au moyen du noir animal à petite dose (4 1/2 hectolitres par hectare) *et mêlé à la semence.*

M. Chambardel exploite depuis six ans le domaine de Marolles, commune de Genillé, arrondissement de Loches, département d'Indre-et-Loire. Cette propriété était composée de 200 hectares de terres, prés, bois et bruyères. Depuis, M. Chambardel a étendu ses cultures sur 400 hectares environ, par des défrichements opérés sur de mauvais taillis et des bruyères. Il commença ses défrichements en 1845, sur deux hectares de bruyères; les succès qu'il obtint l'engagèrent à poursuivre ses opérations, et à les étendre sur toutes ses terres incultes. Aujourd'hui ce cultivateur ne possède plus la moindre petite pièce de terre en bruyères ou ajoncs, et il obtient sur ses terres défrichées de superbes récoltes de froment, de méteil, de seigle, de sarrasin, d'avoine, de colza et de vesces d'hiver.

Ces landes de bruyères et d'ajoncs ainsi transformées avaient une valeur de 150 à 300 fr. l'hectare, avant le défrichement. Je n'ai pu voir sur pied que des sarrasins, qui présentaient une végétation digne des meilleures terres de la Belgique.

Plusieurs notabilités agricoles de la France qui ont visité les cultures de M. Chambardel, ont été émerveillées de la beauté des produits obtenus par l'emploi du noir animal. Nous citerons entre autres MM. Moll, professeur au Conservatoire des arts et métiers à Paris, et directeur de la ferme école du département de la Vienne; Gaulier de Lasselle, cultivateur distingué du département d'Indre-et-Loire; de

Gaudru et Desloges, cultivateurs; de Marseuil, près de Genillé; Malingié, directeur de la ferme école du département de Loire-et-Cher; Robinet, membre de la société nationale et centrale d'agriculture de Paris; de Gourcy, membre de la même société; Millet, membre correspondant de ladite société, et plusieurs autres cultivateurs. La plupart de ces messieurs ont expérimenté d'après la méthode de M. Chambardel, et leurs travaux ont amené les mêmes succès ou donnent l'espérance de les obtenir.

L'authenticité des faits annoncés étant constatée par différents écrits, par l'autorité d'hommes éminents dans l'industrie agricole, par la sanction de la société nationale et centrale d'agriculture de Paris et par M. le ministre de l'agriculture et du commerce, qui a, comme représentant du gouvernement français, contribué à répandre et à vulgariser cette méthode, nous allons l'exposer dans toute sa simplicité.

Comme nous l'avons dit, les landes de ce pays sont généralement couvertes par de grandes bruyères de trois à quatre pieds de hauteur, par l'ajonc marin, le genêt à balais, etc. Lorsque ce sont ces plantes qui font le fond de la lande, comme la végétation est très-forte, on coupe préalablement ces végétaux à la main, et le produit de la coupe est rentré pour être brûlé au four. Si ce sont d'autres plantes qui garnissent le terrain, telles que la bruyère vulgaire, la bruyère cendrée, la bruyère ciliée, les fougères et quelques ajoncs de faibles dimensions; si, en un mot, la lande est peu garnie, ou si elle présente une végétation haute d'un à deux pieds, on ne fait aucune coupe pour faciliter le défrichement. Après cette opération préalable, si elle est jugée nécessaire, ou sans aucune préparation si la terre est peu couverte, on procède au défrichement.

Le défrichement s'exécute de deux manières différentes, à la main, c'est-à-dire à la pioche, ou à la charrue attelée de quatre forts chevaux.

A la pioche, le défrichement coûte 90 fr. par hectare; à la charrue on peut l'évaluer au même prix, si l'on fait entrer en compte l'usure des instruments qui ont beaucoup à souffrir pour extirper les fortes souches de la bruyère, ainsi que la fatigue et l'amortissement des animaux de trait, qui souffrent beaucoup de ce rude travail.

Le sol, retourné à une profondeur de cinq à six pouces, reste ainsi exposé, pendant quatre à six mois, à l'influence de l'air et des agents extérieurs. Cependant M. Chambardel prétend que, dans l'espace de trois ou quatre mois d'exposition à l'air, le sol serait suffisamment préparé pour recevoir le labour d'ensemencement.

Le défrichement terminé et l'aération du sol étant suffisante, on procède au labour d'ensemencement, qui s'exécute avec un araire Rozé, dépourvu d'avant-train, attelé de deux chevaux si le sol est facile, de quatre si la terre est difficile à façonner. Le défrichement étant parfois très-imparfait à la charrue, vu la résistance des souches de bruyères, et le sol étant couvert de grosses mottes de terre, on donne alors un hersage énergique pour rendre la surface plus unie avant de commencer le labour d'ensemencement. Ce labour d'ensemencement est lui-même très-imparfait, la terre est mal préparée, sa surface reste couverte de grosses mottes et de débris végétaux qui n'ont pu être extirpés par le défrichement; malgré ces causes contraires partout ailleurs à une bonne production, les récoltes ne paraissent pas en souffrir, et, au dire de M. de Gourcy, des cultivateurs qui préparent mieux les défrichements que M. Chambardel; qui donnent jusqu'à trois labours successifs; qui se servent de la herse Valcourt pour détruire et ameublir les mottes, ainsi que de la puissante herse Bataille; qui font ensuite passer un pesant rouleau sur le sol, paraissent obtenir des récoltes moins belles. Il semble que cette préparation incomplète, qui laisse le sol couvert de mottes, vaut mieux qu'un travail plus parfait; dans le premier cas, le sol est plus soulevé, l'air y a un accès plus facile, les vices de ce terrain sont mieux corrigés ; dans le second, la terre est plus battue, elle est rendue plus imperméable à l'eau et à l'air, plus froide; les plantes doivent y souffrir.

Chez M. Chambardel, c'est donc après un seul labour, ordinairement précédé d'un hersage, que la sémination a lieu.

Dans les bonnes landes, les deux premières récoltes sont du froment, et c'est en même temps que la semence que le noir animal est répandu sur le sol. La beauté de la récolte, sa vigueur et ses produits dépendent en grande partie de la manière dont le noir est employé.

On se sert de deux qualités de noir animal : le noir animal pur n'ayant pas servi dans les arts, et le noir animal provenant des sucreries ayant servi à la clarification du sucre. Ces deux qualités de noir sont bonnes ; on obtient les mêmes résultats avec l'une et avec l'autre. D'après M. Gasparin, il ne faut employer le noir animal que quelque temps après sa sortie des raffineries, lorsqu'il est arrivé à cette période où il ramène au bleu le papier de tournesol rougi; nouvellement sorti des raffineries, il retient du sucre, qui par la fermentation produit de l'alcool, et celui-ci des acides acétique et lactique, nuisibles à la végétation. Il ne faut pas cependant conserver le noir trop longtemps, car, au dire de M. Hectot, de Nantes, le noir animal exposé à l'air et surtout à la pluie se dépouille peu à peu de ses principes organiques, et conservé pendant six mois, il ne retiendrait plus de substances fécondantes, à moins qu'il n'eût été préalablement desséché et passé à la meule, ce qui le préserve de toute altération.

Avant son emploi, le noir doit être parfaitement pulvérisé et tamisé, si c'est nécessaire. On l'arrose ensuite avec de l'eau, suffisamment pour qu'il puisse être mélangé à la semence et que chaque grain s'entoure aussi complétement que possible d'une couche de noir animal. Si l'on mouillait trop, le noir deviendrait trop mou, il se mélangerait mal avec la semence, et le semeur en serait incommodé.

On emploie 4 1/2 hectolitres de noir animal pour un hectare, et cette quantité doit se mélanger, doit s'incorporer avec 2 hectolitres de froment, mesure nécessaire pour l'ensemencement de la même surface de terrain. Mieux le noir est mis en contact avec la semence, mieux aussi cette faible dose d'engrais est répartie sur le sol et plus son action est grande. La bonne réussite de la récolte dépend de la bonne application du noir.

Ce mélange doit s'opérer au plus huit heures avant la sémination, s'il s'écoulait plus de temps entre cette préparation et la semaille, le noir entrerait en fermentation, et il en résulterait la destruction de l'embryon, c'est-à-dire de la partie la plus importante de la graine, celle sans laquelle elle ne peut germer. La semence ainsi préparée, il s'agit de la répandre sur le sol, et ici il y a des précautions à prendre. Il importe que toute la surface du sol reçoive des graines, et qu'elle en reçoive la même quantité partout. Le semeur est donc un peu dérouté, car il doit semer une quantité qui a plus que triplé en volume, sur la même surface. Il réussit dans son opération en passant trois fois sur la même ligne où précédemment il ne passait qu'une fois. Il est utile aussi de ne semer que par un temps calme.

C'est dans la première quinzaine d'octobre que la semaille a lieu, et aussitôt qu'elle est terminée, la semence est recouverte par deux dents de herse, par deux hersages croisés.

Ici se bornent tous les travaux de défrichement et de culture ; il reste à examiner les produits.

Avant de passer à cet examen, faisons remarquer ce fait : M. Chambardel a renouvelé en partie l'expérience de M. Rieffel, c'est-à-dire que sur une portion de ses défrichements, sur 10 ares de superficie environ, il a répandu de la semence non préparée, non entourée de noir animal, et, comme dans les expériences citées, le blé a levé; mais parvenu à une hauteur d'environ 5 centimètres, il a cessé de croître et le chaume ne s'est pas formé; la récolte a été nulle. Il en résulte que tous les produits qu'on obtiendra ailleurs devront bien être attribués à l'action du noir.

Produit des récoltes.

Dans les bonnes terres, les récoltes sont : le froment, le méteil (mélange de froment et de seigle), le seigle, l'avoine, le colza et les vesces d'hiver.

En 1848, sur première année de défrichement on a semé du froment avec 4 1/2 hectolitres de noir animal, et ce froment a rapporté de 30 à 32 hectolitres par hectare.

Un blé fait sur deuxième année de défrichement, c'est-à-dire un second blé, puisqu'on en fait deux de suite, a donné avec 4 hectolitres de noir un produit analogue sinon plus élevé. Le rendement en paille a été estimé 3,000 kilogrammes par hectare.

Un seigle sur deuxième année de défrichement, après un froment, a donné 35 hectolitres par hectare, avec 4 hectolitres de noir.

Le méteil a donné les mêmes produits que le seigle.

Du seigle semé sur troisième année de défrichement, après deux froments, a donné une récolte équivalente aux précédentes.

De l'avoine sur deuxième année de défrichement, sans engrais, a donné une excellente récolte chez M. Briffaut.

De l'avoine, la troisième année, sans engrais avec un seul labour, a donné une récolte en rapport avec les premières, lesquelles avaient reçu du noir.

De l'avoine, la quatrième année, semée chez M. Gaulier de la Selle, avec 150 litres de noir, a donné de beaux produits.

Le colza, en première récolte avec 4 1/2 hectolitres de noir, a donné 30 hectolitres à l'hectare.

Le colza, en quatrième récolte avec 10 hectolitres de noir animalisé, a été très-productif; des parties ont fourni 35 hectolitres de graines à l'hectare.

Du colza en troisième récolte, chez M. Gaulier, a donné 30 hectolitres à l'hectare, avec 2 hectolitres 50 litres de noir animal.

M. de la Selle, en quatre ans, au moyen de 11 hectolitres de noir, a obtenu sur ses défrichements, pour les deux premières années, 50 hectolitres de froment, ou 25 hectolitres chaque année par hectare; la troisième, 30 hectolitres de colza, et la quatrième, 40 hectolitres d'avoine. Ce cultivateur pense qu'il obtiendra une cinquième et une sixième récolte avec du noir, et que ce ne sera qu'alors qu'il sera obligé d'en venir au fumier et au marnage.

Des vesces d'hiver, semées en troisième année, après deux froments, mais avec 8 hectolitres de noir animalisé (substance fécondante, produite avec des matières fécales désinfectées par le charbon, qu'il ne faut pas confondre avec le noir animal) ont donné 6,000 kilogrammes de fourrages sec à l'hectare.

Ces résultats sont étonnants, et, comme dit M. de Gourcy, à peine y croit-on, même en les voyant, tant c'est magnifique.

D'après M. Dubreuil-Chambardel, le noir animal est le seul engrais qui produise de l'effet pendant les deux premières années, tandis que, pour les années suivantes, le noir animal peut être remplacé par les engrais pulvérulents très-azotés, tels que la poudrette, le noir animalisé, etc. Ce fait le porte à croire que l'action si merveilleuse du noir animal doit être attribuée au phosphate calcique qui y est contenu en abondance.

Quelques cultivateurs attribuent à l'acide tannique l'infertilité des terres de landes; acide qui serait le produit d'une décomposition imparfaite des parties organiques du sol; comment se fait-il alors que les effets nuisibles de cet acide tannique soient détruits par la présence du phosphate calcique? La chimie nous apprend que le sous-phosphate calcique des os est soluble à froid sans décomposition, dans les acides étendus d'eau, et que c'est ainsi que le sous-phosphate calcique est dissous par l'acide carbonique, lequel se trouve lui-même en dissolution dans le sol, pour passer dans les plantes (1). Si l'opinion de M. Chambardel est bonne, il se peut que l'acide tannique, en dissolution dans le sol, dissolve lui-même le sous-phosphate calcique du noir animal, lequel peut alors être absorbé et assimilé par les plantes. Il faut croire que, sous ce nouvel état, l'acide tannique a perdu ses propriétés nuisibles pour la végétation.

Jusqu'ici le noir animal a produit son effet sur toutes les landes de la nature de celles que nous venons d'étudier, mais il s'en faut que les récoltes soient partout les mêmes avec les mêmes doses de noir. Les récoltes ont été superbes là où le sol était couvert par la grande bruyère (*erica scoparia*, L.) et l'ajonc marin; elles ont encore été très-bonnes sur les défrichements de mauvais bois; mais là où la bruyère était petite, rare, là où la terre n'était pas uniformément couverte par une brillante végétation,

(1) Caillat, *Application, à l'agriculture, des éléments de physique, de chimie et de géologie*, t. II, p. 328, et tome III, p. 262. — De Gasparin, *Cours d'agriculture*, t. Ier, p. 520.

la récolte a été moins bonne, elle a donné des résultats de beaucoup inférieurs à ceux cités précédemment. Aussi, dans ces mauvaises landes, le froment ne fait-il plus les frais du défrichement, il est remplacé par le seigle, ou mieux encore par le sarrasin.

Le noir animal n'a plus donné les mêmes résultats lorsqu'il a été appliqué sur les terres écobuées, ou sur les terres anciennement cultivées. C'est ainsi que M. Moll, à l'Espinasse, n'a obtenu que 12 à 16 hectolitres de froment par hectare, sur une excellente bruyère écobuée, quoiqu'elle eût reçu quatre hectolitres de noir animal en sus de l'écobuage. C'est encore ainsi que M. Chambardel a vu sa récolte diminuer de moitié dans une terre anciennement cultivée, quoiqu'elle eût été fécondée avec 4 1/2 hectolitres de noir animal.

Le résidu de raffinerie ne paraît pas agir aussi efficacement lorsque le sol a été préalablement marné ou chaulé, c'est au moins ce qui résulte des expériences de M. Chambardel et des faits rapportés par M. de Gourcy. Comment se fait-il que la chaux empêche le noir animal de produire son effet, alors que l'on sait que c'est par le seul emploi de la chaux ou de la marne que l'on peut donner quelque activité à ces terres de landes, quand on n'emploie pas le noir ou l'écobuage? « J'ai vu, dit M. de Gourcy,

« en visitant M. Gaulier de la Selle, à la Selle, entre « les villes de Ligueil et de Prémilly (Indre et Loire), « un défrichement de bruyères semé en froment avec « du noir, dont une partie avait été en outre chaulée. « Cette dernière partie se trouvait moitié moins « bonne que le reste. Je vis aussi plus tard, chez « M. Moll, une excellente bruyère défrichée au moyen « de la pioche et semée en avoine mêlée avec du noir, « dont la récolte était fort belle, excepté sur un coin « où l'on avait répandu, pour expérience, de la chaux « vive, qui avait gâté cette partie du champ. Il faut, « d'après ces différentes expériences, se rendre à « l'évidence : on pourrait croire que la chaux détruit « en grande partie le bon effet du noir. »

Telles sont les circonstances importantes observées jusqu'ici dans l'emploi du noir à petite dose, appliqué aux défrichements des landes argilo-siliceuses du centre et de l'ouest de la France.

Maintenant cette question se présente : pendant combien d'années cet état de choses peut-il durer? combien de bonnes récoltes pourra-t-on obtenir d'un défrichement par l'emploi du noir animal? M. Gaulier de la Selle a déjà obtenu cinq récoltes excellentes de ses bruyères défrichées, et il espère en obtenir encore une récolte qui équivaudra aux précédentes; M. Chambardel se trouve dans le même cas, et il est loin de croire à l'épuisement de la terre après cinq récoltes épuisantes successives. « Au bout de ce temps, « dit-il, c'est à peine si toutes les racines et les matières « organiques que la terre contient sont décomposées « et transformées en humus : nous ne craignons « donc pas d'assurer que, dans ce cas, elle sera en- « core beaucoup plus riche en humus, et beaucoup « plus fertile que les meilleures terres anciennes du « pays. » Quant à nous, nous pensons que le nombre de récoltes qu'on obtiendra sera entièrement relatif au degré de richesse des landes en matières organiques.

Nous croyons qu'il est utile de rapporter, pour compléter ce sujet, les quelques successions de récoltes que M. Chambardel propose de demander aux landes, avant de leur appliquer un assolement régulier, ou de les traiter comme les anciennes terres cultivées.

Ces successions de récoltes s'appliquent aux différentes nuances de sol argilo-siliceux. Nous donnerons, en outre, des projets de budgets de dépenses et de recettes, tels qu'ils ont été présentés par MM. Millet et Conrad de Gourcy.

TERRAIN DE BONNE QUALITÉ, RECOUVERT D'UNE VIGOUREUSE VÉGÉTATION DE BRUYÈRES.

Première succession de récoltes.

Ensemencement.			Fumure.	
1re année.	Méteil.	4 1/2 hect. de noir animal à l'hectare.		
2e —	Froment pur.	4	d°	d°
3e —	Colza repiqué.	4	d°	d°
4e —	Avoine d'hiver.	Néant.		
5e —	Seigle.	10 hect. de noir animalisé à l'hectare.		
6e —	Vesce d'hiver.	10	d°	d°

Deuxième exemple.

1re année.	Colza semé à la volée.	4 1/2 hect. de noir animal à l'hectare.		
2e année.	Froment pur.	4	d°	d°
3e —	Colza repiqué.	4	d°	d°
4e —	Avoine d'hiver.	Néant.		
5e —	Vesce.	10 hect. de noir animalisé à l'hectare.		
6e —	Seigle.	10	d°	d°

Troisième exemple.

1re année.	Méteil.	4 1/2 hect. de noir animal à l'hectare.		
2e —	Froment pur.	4	d°	d°
3e —	Vesce d'hiver.	4	d°	d°
4e —	Colza repiqué.	10 hect. de noir animalisé à l'hectare.		
5e —	Vesce d'hiver; verser immédiatement après la récolte et ensemencer en navets.	10	d°	d°

6e année. Avoine de printemps.	Néant.

Quatrième exemple.

1re année.	Méteil.	4 1/2 hect. de noir animal à l'hectare.
2e —	Froment pur.	4 d° d°
3e —	Avoine d'hiver.	Néant.
4e —	Vesce d'hiver; verser et ensemencer en navets.	10 hect. de noir animalisé à l'hectare.
5e année.	Avoine de printemps.	Néant.
6e année.	Seigle.	10 hect. de noir animalisé à l'hectare.

Observations sur ces quatre successions de récoltes.

Elles conviennent parfaitement pour un bon fonds. Si l'on tient peu aux fourrages, on peut adopter le premier ou le second; si, au contraire, on tient beaucoup aux fourrages, le troisième sera préférable; j'indique le quatrième pour les cultivateurs qui ne voudraient point faire de colza. Le froment peut réussir très-bien dès la première année; mais j'ai remarqué qu'il brûle quelquefois quand la température est très-chaude, c'est pourquoi je préfère le méteil. La vesce d'hiver doit toujours être mêlée d'une certaine quantité de seigle, d'avoine d'hiver et d'orge d'hiver.

Le noir animalisé peut être remplacé par d'autres engrais, tels que tourteaux de colza, sang desséché, etc., pourvu qu'ils soient employés dans la même proportion.

AUTRES EXEMPLES D'ASSOLEMENTS.

TERRAINS LÉGERS, MAIS CEPENDANT D'ASSEZ BONNE NATURE.

Premier exemple.

1re année.	Seigle.	4 1/2 hect. de noir animal à l'hectare.
2e —	Seigle.	4 d° d°
3e —	Colza repiqué.	4 d° d°
4e —	Avoine d'hiver.	Néant.
5e —	Vesce d'hiver, puis navets.	10 hect. de noir animalisé à l'hectare.
6e année.	Avoine de printemps.	Néant.

Deuxième exemple.

1re année.	Seigle.	4 1/2 hect. de noir animal à l'hectare.
2e —	Seigle.	4 d° d°
3e —	Vesce d'hiver.	4 d° d°
4e —	Colza repiqué et pioché au printemps.	10 hect. de noir animalisé à l'hectare.
5e année.	Avoine d'hiver.	Néant.
6e —	Vesce d'hiver.	10 hect. de noir animalisé à l'hectare.

Troisième exemple.

1re année.	Seigle.	4 1/2 hect. de noir animal à l'hectare.
2e —	Seigle.	4 d° d°

3e — Vesce d'hiver; verser et ensemencer en sarrasin.	4 hect. de noir animal.
4e année. Avoine de printemps.	Néant.
5e année. Seigle.	10 hect. de noir animalisé à l'hectare.
6e — Avoine d'hiver.	Néant.

Observations sur ces trois successions.

La première convient dans les conditions ordinaires; la deuxième doit être préférée dans le cas où l'on désire beaucoup de fourrages; la troisième est indiquée pour les cultivateurs qui ne voudraient point faire de colza. On doit remarquer que, dans ce troisième assolement, j'ai placé, à la troisième année, une culture de sarrasin; c'est afin de détruire les mauvaises herbes qui, dans les autres assolements, sont combattues par les façons qu'on donne au colza.

AUTRE EXEMPLE.

TERRAIN TRÈS-MÉDIOCRE.

1re année. Seigle.	4 1/2 hect. de noir animal à l'hectare.
2e — Seigle ou sarrasin.	4 d° d°
3e année. Sapins ou plantations de bouleaux, ou châtaigniers.	Néant.

PROJET DE BUDGET DES RECETTES ET DES DÉPENSES POUR LE DÉFRICHEMENT DES LANDES ET BRUYÈRES AVEC LE NOIR, PRÉSENTÉ PAR M. MILLET.

	Produit	Dépenses	
Intérêts du prix d'achat d'un hectare de bruyères (200 fr.) à 4 p. °/₀		8	»
Défrichement à bras		90	»
Un fort labour		30	»
Deux hersages		20	»
Deux hectolitres de froment sérancé à 15 fr. . .		30	»
Quatre et demi hectolitres de noir animal à 17 fr.		76	50
Frais de moisson.		15	»
Frais de battage, à 1 fr. l'hect.		30	»
Transport des gerbes		8	»
Produit : 30 hectolitres de froment, à 15 fr.	450		
— 3000 k. de paille, à 40 fr. les °°/₀₀ k.	120		
Totaux. . fr.	570	307	50
Différence ou produit net. . fr.	262	50	

La seconde récolte présente un produit net beaucoup plus considérable. En effet, il y aura à déduire sur la somme des frais :

1° Le prix de défrichement	fr.	90	»
2° Un demi-hectolitre de noir animal		8	50
3° Sur les labours qui n'exigeront plus que deux bêtes, attendu que la terre est alors facile à travailler.		10	»
Total. .	fr.	108	50

C'est 108 fr. 50 centimes à ajouter au produit net de la première année, de sorte que, la deuxième année du défrichement, le produit net de la récolte s'élèvera à 371 fr.

APERÇU DE LA DÉPENSE A FAIRE POUR LES LOCALITÉS PEU ÉLOIGNÉES DE TOURS, LORSQU'ON NE TRAVAILLE PAS SOI-MÊME POUR DÉFRICHER, PRÉSENTÉ PAR M. DE GOURCY.

Première année de défrichement.

DÉPENSE.

Piochage de 1 hectare de bruyère . . . . . . fr.	90	»
Un labour avant la semaille.	30	»
Quatre hersages	20	»
Deux hectolitres de froment pour semence. . . .	40	»
Quatre hectolitres cinquante litres de noir pris à Paris, à 8 fr. 50	38	25
Transport jusqu'à Tours, 237 kilomètres, le poids est de 400 kil.	5	50
Leur port de Tours à la Selle, 64 kil.	6	75
Pour semer et curer les raies d'écoulement . . .	4	»
Fauchage de la récolte ainsi que liens	15	»
Rentrer les gerbes à la grange	8	»
Battage de 20 hectolitres, à 1 fr.	20	»
Total. .	277	50

PRODUIT.

20 hectolitres de froment à 16 fr.	320
3000 kilogrammes de paille à 30 fr. les °°/₀₀ kilogrammes.	90
Total. . fr.	410

RÉCAPITULATION.

Recette . . . . fr.	410		
Dépense.	277 50		
Produit net. . fr.	132 50	132 50	

Deuxième année de défrichement.

Un labour . . . . fr.	30	
Quatre hersages.	20	
Deux hectolitres de froment pour semence.	40	
Quatre hectolitres de noir rendus à la Selle.	44	
Semer et curer les raies d'écoulement. . .	4	
Moisson et battage de 30 hect.	53	
Total. . fr.	191	
Produit : 30 hect. de froment à 16 fr. .	480	
La paille.	90	
Total. . fr.	570	
Dépense. . fr.	191	
Produit net. . fr.	379	379

Troisième année de défrichement.

25 hectolitres de colza à 20 fr.	500	
Frais de culture et moisson	150	
Produit net. . fr.	350	350
A reporter. .		861 50

Report. .		861 50

Quatrième année de défrichement.

40 hectolitres d'avoine, à 6 fr.	240	
La paille.	60	
	300	
Les frais de culture, moisson et battage . .	150	
Produit net. . fr.	150	150
L'hectare de bruyère vaudra, étant défriché, au moins 400 fr. au lieu de 200 . . .		200
Total du bénéfice net en quatre ans. . fr.		1211 50

TROISIÈME PARTIE.

APPLICATION AUX LANDES BELGES.

Maintenant que nous connaissons les caractères du sol où s'effectuent les défrichements avec le noir animal, que nous avons une idée du climat de ce pays et des cultures qui y sont faites ou qu'il est possible d'y faire ; maintenant que nous connaissons la manière d'employer le noir animal pour en obtenir le plus grand produit, il nous sera facile, croyons-nous, en procédant par comparaison et en nous aidant du raisonnement, de reconnaître jusqu'à quel point cette découverte française peut être appliquée au sol de nos landes.

Dans cette comparaison nous n'envisagerons que

le sol de l'Ardenne, qui seul présente une analogie de composition avec celui de la région des landes et des ajoncs, bien que celui de la Campine ait une origine géognostique semblable à celle de ce dernier, puisque lui aussi a été déposé par les eaux, et non formé sur place par la désagrégation d'une roche.

Nous avons vu que, sous le rapport géologique, le sol argilo-siliceux était différent du sol ardennais; que le premier avait une origine diluvienne; que c'était un dépôt diluvien, tandis que le second était dû à la décomposition sur place, du schiste, par l'effet des influences atmosphériques (eau, air, chaleur, gelée, etc.), et que cette différence d'origine amenait de grandes dissemblances dans les propriétés physiques et chimiques de ces sols, notamment dans leur degré de ténacité et leur faculté pour retenir l'eau des pluies. Ainsi, tandis que le sol argilo-siliceux est fortement imperméable, qu'il se tasse beaucoup, que l'air, la chaleur et les différents gaz ne peuvent le pénétrer, que sa couleur est grise et peu propre à absorber les rayons calorifiques; qu'il est froid par suite de la grande quantité d'humidité qu'il retient et par suite de l'évaporation qui s'exerce à la surface, que son sous-sol possède les mêmes défauts à un plus haut degré; qu'il est chargé de matières organiques qui ne peuvent se décomposer et qui sont tenues en réserve par la Providence, pour des besoins futurs; qu'enfin il contient une forte proportion d'acide qui nuit à la végétation; nous voyons le sol silico-argileux de l'Ardenne, beaucoup plus meuble, quelquefois trop meuble, mais fort souvent très-perméable, laissant filtrer les eaux avec facilité, présentant un libre accès à l'air et aux influences atmosphériques; d'une couleur noire ou brune très-foncée qui lui permet d'absorber et de retenir la chaleur solaire; nous lui trouvons une épaisseur moyenne, convenable pour permettre toutes les cultures; un sous-sol schisteux perméable, quelquefois argileux, et dans ce cas le sol se ressent de trop d'humidité; il est aussi chargé de matières organiques et d'humus acide, mais cette dernière circonstance est loin d'être aussi préjudiciable à la culture dans les Ardennes que dans l'Indre-et-Loire, ce qui nous fait supposer que les acides s'y rencontrent en bien moindre quantité. En effet, chez M. Chambardel, lorsqu'on essarte les terres, il faut attendre deux ans au moins, et donner plusieurs labours avant de les ensemencer, ce qui ne se fait qu'après avoir fortement marné et fumé; dans les Ardennes, après avoir retourné le gazon à la charrue, on le laisse se décomposer pendant un an, on laboure ensuite et l'on sème de l'avoine, qui donne une bonne récolte. Chez M. Chambardel, si l'on procédait de la sorte, on n'obtiendrait rien. Après un an et sans amendement, la terre serait toujours chargée de principes nuisibles à la végétation.

De ces différents faits, nous devons conclure que les terres diluviennes se trouvent dans de plus mauvaises conditions physiques et chimiques que les terres schisteuses, et que les causes d'humidité n'existant pas ici avec autant d'intensité, le noir animal, si l'opinion de M. Chambardel est bonne, c'est-à-dire s'il agit par son phosphate calcique lequel neutralise un principe nuisible qu'il suppose être l'acide tannique, n'y produira pas les mêmes effets.

Du reste, cette opinion peut n'être pas conforme à la vérité et nous ne voulons pas préjuger sur les effets du noir animal.

Nos terres de landes se comportent avec les engrais différemment que celles de France; étant plus meubles, plus perméables, elles décomposent plus vite les fumiers d'étables et leurs analogues, pour produire des matières solubles assimilables pour les végétaux. Dans ces dernières, les fumiers ordinaires ont peu d'action, c'est ce qui résulte des expériences de M. Rieffel, et de cette vieille pratique agricole du pays, qui consiste à laisser pourrir, à laisser réduire en terreau pendant un an tous les engrais produits dans la ferme, avant de les employer. Les fumiers frais seraient sans action sur la végétation, parce qu'ils doivent subir une fermentation dans le sol avant d'être absorbés, et cette fermentation s'établit difficilement. Il faut à ces terres des engrais facilement solubles, qui aussitôt répandus fassent sentir leurs effets sur les végétaux. En Belgique, cela n'est nullement nécessaire, le sol a assez d'énergie et d'activité pour transformer les engrais frais d'étables en matières solubles.

Nous avons énuméré les principales différences botaniques qui caractérisent ces deux sols. L'un possède une végétation beaucoup plus vigoureuse que l'autre; en Belgique, les grandes espèces de bruyères (*erica scoparia* et *erica vagans*) n'existent pas (1); il s'ensuit que le sol doit y être moins riche en substances organiques après le défrichement, ce qui n'est pas peu de chose, attendu que M. Chambardel lui-même, recommande des successions de récoltes différentes pour les landes qui sont couvertes d'une riche végétation, et pour celles où le sol est à peine couvert; pour ces derniers, au lieu de six récoltes que l'on obtient au moyen du noir animal dans les

(1) Il y a cependant des parties du sol ardennais qui présentent une végétation vigoureuse de bruyères et de genêts, mais ceci est l'exception. Pour ces parties plus riches, il y aura plus de chances de succès que pour le reste.

premières, il conseille de n'en tirer que trois et de les ensemencer ensuite en sapins ou d'y planter des bouleaux et des châtaigniers. Sur les bonnes landes, après six ans de culture, on aperçoit encore de nombreux débris végétaux non décomposés; certes cela ne s'observera pas en Belgique ou rarement.

Quant aux plantes cultivées, elles sont à peu près les mêmes dans les deux pays, sauf le froment, qui ne réussit pas dans les Ardennes. Dans tous deux on cultive le seigle, l'avoine, les pommes de terre; le colza et le lin y réussissent ainsi que les trèfles, les vesces et tous les fourrages-racines de la famille des crucifères. Nous avons vu cependant que le climat n'est pas le même; que le climat de la région des landes et ajoncs est beaucoup plus doux que celui de la Belgique et surtout que celui des Ardennes. Il y a beaucoup plus de régularité dans la marche des saisons, on n'y observe pas ces variations brusques de température, et l'humidité de l'atmosphère y est moins grande : toutes choses qui influent puissamment sur la réussite des récoltes; aussi le froment peut-il donner d'excellentes récoltes là-bas, lorsque sa culture est favorisée par le sol, ou tout au moins, quand celui-ci, pour le recevoir, se trouve dans des conditions telles qu'on le remarque, par exemple, dans l'emploi du noir animal.

Dans les Ardennes, on sait que le froment est peu cultivé. Suivant les uns, cela tient à la mauvaise qualité du sol; suivant les autres, à l'âpreté du climat; nous ne voulons pas discuter ici sur la véritable cause qui tient cette céréale éloignée des assolements, nous voulons seulement constater un fait, que le froment n'est pas cultivé en Ardenne, parce qu'il n'y réussit pas généralement. Voilà certainement un point capital, car dès lors les défrichements avec le noir animal ne pourront donner ici deux récoltes de froment de suite, en supposant le sol assez riche, comme cela a lieu chez M. Chambardel et chez plusieurs autres cultivateurs du même département; il faudra le remplacer par d'autres cultures, par le seigle, l'avoine, les pommes de terre ou le colza, par exemple, à moins que le sous-phosphate calcique du noir animal n'ait ici la merveilleuse propriété d'assurer les produits de cette graminée.

Si le noir animal permettait d'obtenir en Belgique des récoltes de seigle et d'avoine équivalentes aux récoltes des défricheurs d'Indre-et-Loire, son action serait encore puissante et l'on obtiendrait de beaux résultats pécuniaires de son emploi; mais on ne peut se dissimuler que, à égalité de produits, les résultats ne seront jamais aussi élevés en Belgique qu'en France, vu la différence qui existe entre le prix de l'hectolitre de froment et le prix de l'hectolitre de seigle. Cependant, si le colza peut être cultivé sur défrichement, ce que nous devons supposer possible par analogie, les bénéfices seront grands, plus grands que ceux opérés sur la culture du froment, puisque ces deux récoltes donnent sensiblement le même produit en grains, et que le colza se vend actuellement 22 francs 50 centimes l'hectolitre, tandis que le froment ne se vend que 18 francs 50 centimes en Belgique et 15 francs 50 centimes en France.

Quant aux bruyères de la Campine, on sait qu'elles sont essentiellement sablonneuses, qu'elles sont complétement privées de l'élément argileux, nous ne pouvons donc pas les comparer aux terres argilo-siliceuses. Cela ne veut pas dire toutefois que le noir animal n'y produira pas d'effet; mais, si des essais y sont tentés, il faudra que l'expérimentateur tienne compte des circonstances de lieu, de terrain, etc.; qu'il choisisse des cultures s'adaptant à son sol, à son climat et aux circonstances commerciales de sa contrée. Selon nous, ce serait mal opérer que d'essayer, en Campine, aussi bien qu'en Ardenne, la puissance du noir animal sur les défrichements de bruyères, avec des ensemencements de froment; dans l'une et l'autre localité, les terres sont réputées *terres à seigle*; le froment ne s'y cultive qu'accidentellement;

CONCLUSION.

D'après toutes ces considérations, en faisant attention aux différences qui existent dans les conditions géognostiques, minéralogiques, physiques, chimiques, botaniques et climatériques des deux régions agricoles, différences que nous avons suffisamment fait ressortir par des faits, il est permis de conclure que le noir animal ne produira pas les mêmes résultats en Belgique qu'il a donnés en France; cependant, comme toutes les landes présentent des points d'analogie, comme presque toutes se trouvent à l'état de landes, à cause de vices qui leur sont communs à des degrés plus ou moins élevés, tels que la présence de l'humus insoluble et d'acides organiques, nuisibles à la végétation, ce qui évidemment tient à des caractères physiques du sol identiques qui ne permettent pas l'entière décomposition des débris végétaux et la réaction des éléments du sol les uns sur les autres, il est permis de supposer qu'un agent qui agit sur l'un, pour neutraliser ses mauvaises propriétés, agira aussi favorablement sur les autres, sans toutefois qu'il soit besoin de croire aux mêmes résultats.

On peut donc employer le noir animal aux défrichements des landes en Belgique, mais avec espoir de succès inférieurs à ceux qui ont été obtenus ailleurs.

Pour que le noir agisse efficacement, il est essentiel de suivre les indications qui ont été fournies par M. Chambardel et que nous allons résumer.

1° La bruyère sera défrichée soit à la charrue, soit à la pioche, au moins trois mois avant l'ensemencement.

2° Après trois mois d'exposition à l'air, le sol recevra un ou deux labours et plusieurs hersages, afin d'ameublir aussi complétement que possible sa surface. On sait que M. Chambardel ne donne qu'un laboun avant l'ensemencement et qu'il s'en trouve bien; mais ici, à cause des caractères différents que présente le sol, nous croyons préférable de le travailler plus complétement, pour qu'il se raffermisse davantage, qu'il soit moins motteux.

3° La terre ainsi préparée est propre à être ensemencée. Le défricheur belge sèmera pour première récolte, dans les bonnes terres (1), du colza à la volée ou du seigle; dans les médiocres, de l'avoine.

4° La semence en quantité ordinairement employée dans la localité où l'on opère sera mélangée, aussi complétement que possible, avant les semailles, avec 4 1/2 hectolitres de noir animal.

5° Le noir animal employé (on sait que le noir animal est le produit de la combustion des os en vase clos) sera pur, c'est-à-dire qu'il n'aura pas servi dans les arts, à la clarification du sucre, ou bien il aura servi à la clarification, cela ne fait rien, l'un et l'autre sont bons.

Le noir animal pur est ordinairement sec; il doit être d'abord réduit en poussière et tamisé, puis arrosé d'une suffisante quantité d'eau pour qu'il puisse

(1) On sait que nous appelons ici bonnes terres les landes qui précédemment étaient recouvertes d'une végétation de bruyères assez vigoureuse.

se coller à la semence. Celui qui provient des raffineries est ordinairement assez humide pour qu'il ne soit pas besoin de l'humecter.

6° Ainsi préparé, le noir est mélangé avec la semence, et l'on n'opère que peu d'heures avant la semaille, sept ou huit heures au plus, pour éviter la fermentation du noir qui détruirait le germe des graines.

7° Si l'on a employé deux hectolitres de semence de seigle pour un hectare et 4 1/2 hectolitres de noir animal, on aura en tout 6 1/2 hectolitres de mélange, qu'il faudra répandre aussi uniformément que possible à la surface du sol. Pour bien opérer, le semeur, au lieu de passer une seule fois sur le même terrain, passera trois fois.

8° La semence sera ensuite recouverte par deux hersages croisés.

9° Si c'est du colza que l'on sème sur défrichement, comme on n'emploie que peu de semence pour ensemencer un hectare (10 à 12 litres), il faudra semer le noir animal et la graine du colza séparément.

Tel est, M. le Ministre, l'ensemble des observations que j'ai pu recueillir sur ce procédé de défrichement; quant à ce qui concerne son application à la Belgique, on ne peut que faire des suppositions plus ou moins fondées, les expériences de la pratique seules pourront justifier notre raisonnement.

J'ai l'honneur d'être avec un profond respect,

M. le Ministre,

Votre très-humble et très-obéissant serviteur,

PHOCAS LEJEUNE,

Professeur d'agriculture et d'économie rurale à l'école d'agriculture de Verviers.

Verviers, 28 novembre 1850.

www.ingramcontent.com/pod-product-compliance
Ingram Content Group UK Ltd.
Pitfield, Milton Keynes, MK11 3LW, UK
UKHW021311190726
13839UKWH00007B/1178

9 782329 327204